二十四节气歌

春雨惊春清谷天，夏满芒夏暑相连。

秋处露秋寒霜降，冬雪雪冬小大寒。

每月两节不变更，最多相差一两天。

上半年来六廿一，下半年是八廿三。

THE 24 SOLAR TERMS

二十四节气

熊亮——著绘

天津人民出版社
天津出版传媒集团

果麦文化 出品

人土不二，

故事开始前，

我们先来忘记自己。

想象自己是一个泥土小人，

静静躺在大地上，

等待节气唤醒我们身体的感觉。

春

立春

雨水

惊蛰

春分

清明

谷雨

立春

Beginning of Spring

太阳位于黄经 315 度

2 月 3 日至 5 日交节

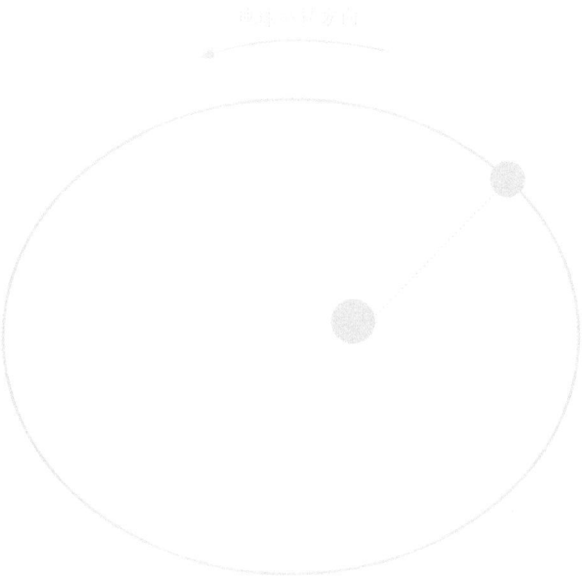

立春是二十四节气中的第一个节气。

“立，始建也。春气始而建立也。”

立春以后，气温趋于上升，日照和降雨开始增多。

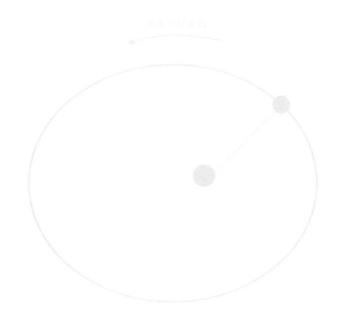

春天刚刚来临时仍然非常冷，
而我身体的深处已经开始柔软，
只有我能感觉到。
我甚至能听到，
冰雪在身体里融化的嘶嘶轻响。

雨水

Rain Water

太阳位于黄经330度

2月18日至20日交节

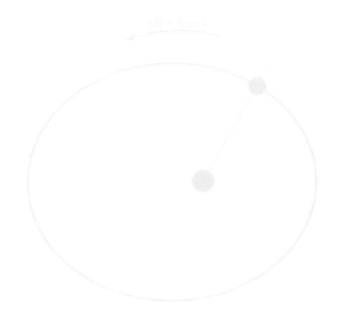

雨水是二十四节气中的第二个节气。

此时，地湿之气渐升，早晨时有露、霜出现，

气温回升，冰雪融化，降水增多，故取名雨水。

雨水落下，
渗入我的皮肤，在里面汇流，
冬眠的小动物们也在里头窸窸窣窣翻身，
小草从皮肤下抽根、发芽——
感觉酥酥痒痒。

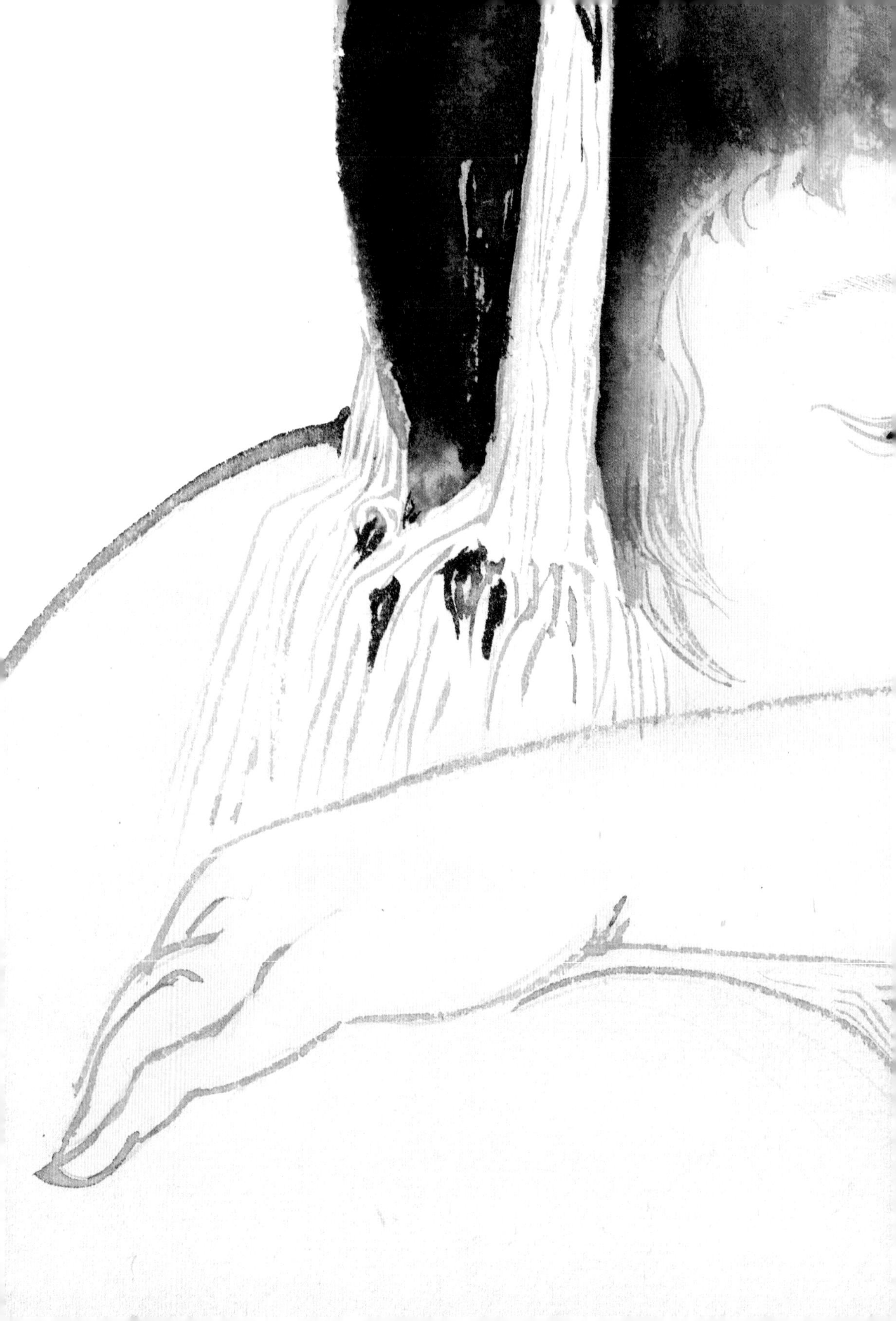

惊蛰

Awakening of insects

太阳位于黄经 345 度

3 月 5 日至 7 日交节

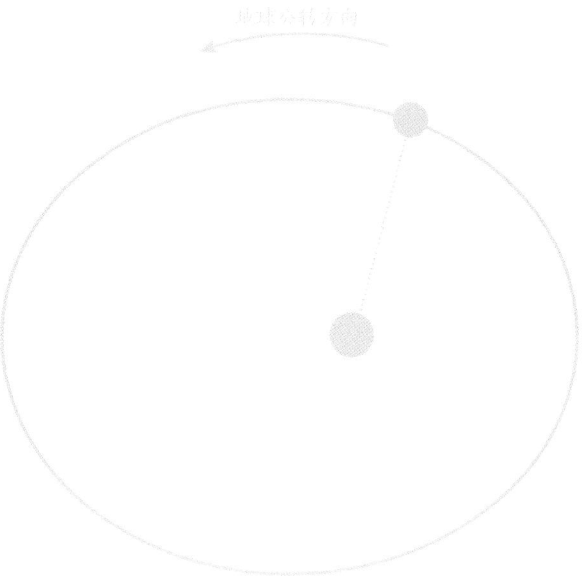

惊蛰是二十四节气中的第三个节气。

此前，动物入冬藏伏土中，不饮不食，称为“蛰”；

到了“惊蛰”，春雷会惊醒蛰居的动物，称为“惊”。

轰隆隆！
春雷乍响，
我们都醒来了！

春分

Spring Equinox

太阳位于黄经0度

3月20日至21日交节

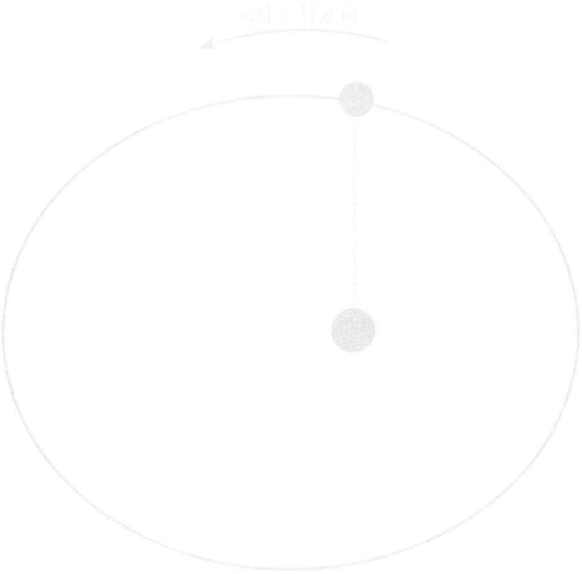

春分是二十四节气中的第四个节气。

春分是春季九十天的中分点，这一天太阳直射地球赤道。

“春分者，阴阳相半也，故昼夜均而寒暑平。”

民间在春分有竖蛋习俗，故有“春分到，蛋儿俏”的说法。

现在我，
浑身舒畅。
就像要开始生长。

清明

Pure Brightness

太阳位于黄经15度

4月4日至6日交节

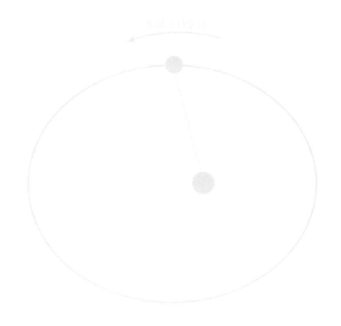

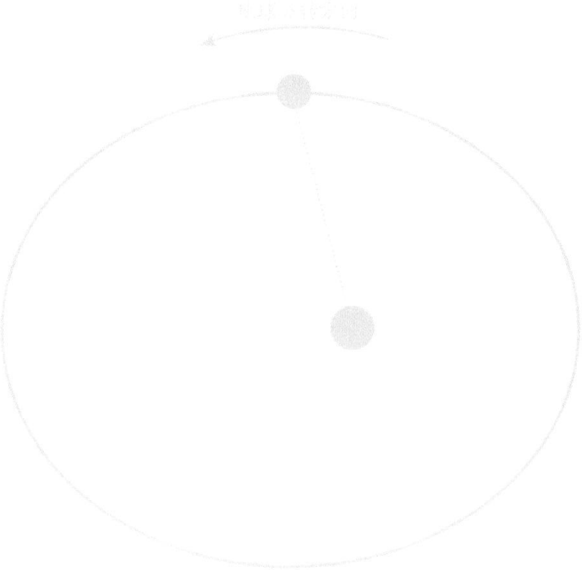

清明是二十四节气中的第五个节气。

清明节是中国传统节日，是祭祖和扫墓的日子。

民间习俗除了禁火、扫墓，

还有踏青、荡秋千、蹴鞠、打马球、插柳等。

奔跑、生长，
越来越多。

谷雨

Grain Rain

太阳位于黄经 30 度

4 月 19 日至 21 日交节

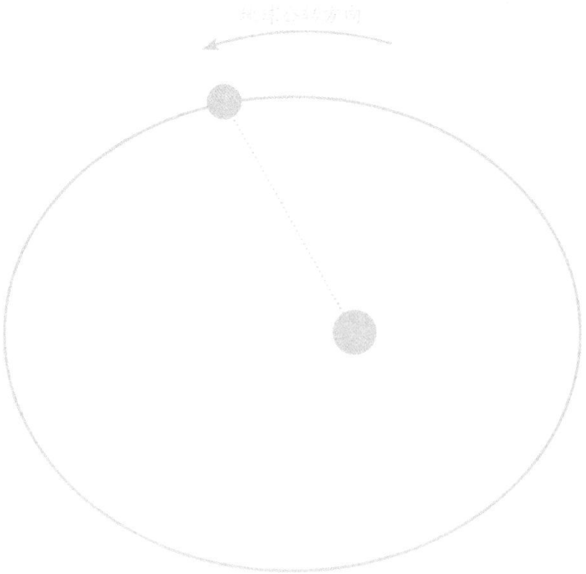

谷雨是二十四节气中的第六个节气。

源自古人“雨生百谷”之说，“清明断雪，谷雨断霜”。

谷雨之后，气温回升加快，是播种移苗、埯瓜点豆的最佳时节。

我们吞下种子，

然后在身体内部，静静等待它们……

夏

立夏

小满

芒种

夏至

小暑

大暑

立夏

Beginning of Summer

太阳位于黄经 45 度

5 月 5 日至 7 日交节

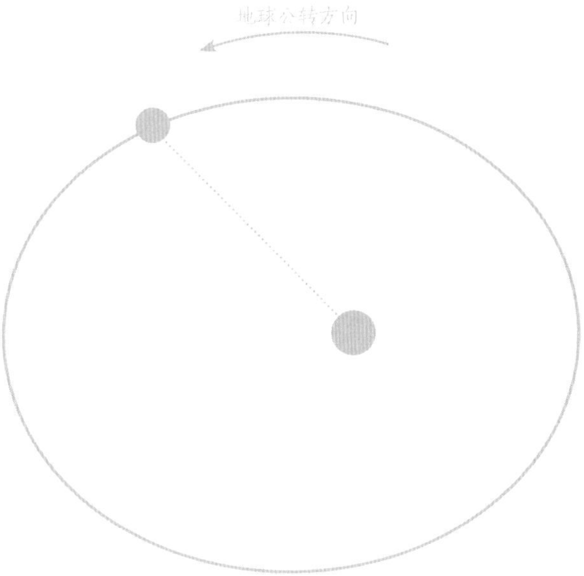

立夏是二十四节气中的第七个节气。

“斗指东南，维为立夏，万物至此皆长大。”

炎暑将临，雷雨增多，植物进入生长旺季。

民间有习俗，将煮鸡蛋套上编织网袋，

在中午挂于孩子颈上，防疰夏。

生长！
这是我的魔法。

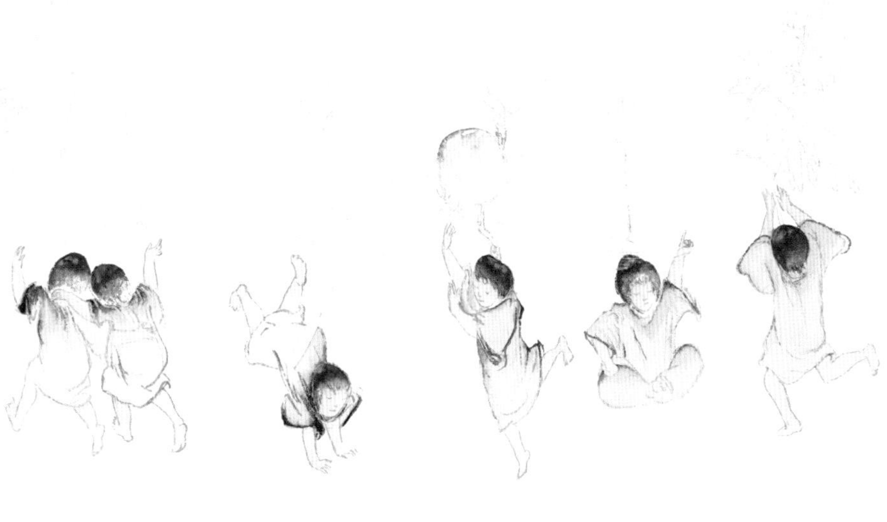

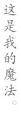

小满

Grain Buds

太阳位于黄经 60 度

5 月 20 日至 22 日交节

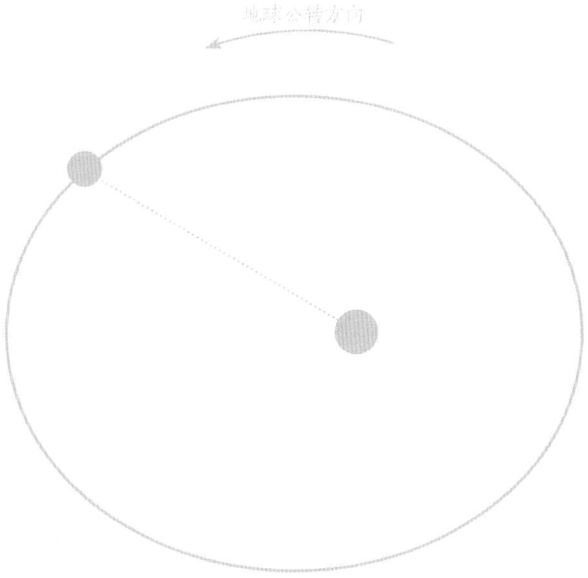

小满是二十四节气中的第八个节气。

《月令七十二候集解》:

“四月中，小满者，物至于此小得盈满。”

夏熟作物的籽粒开始灌浆饱满，但还未成熟，是为小满。

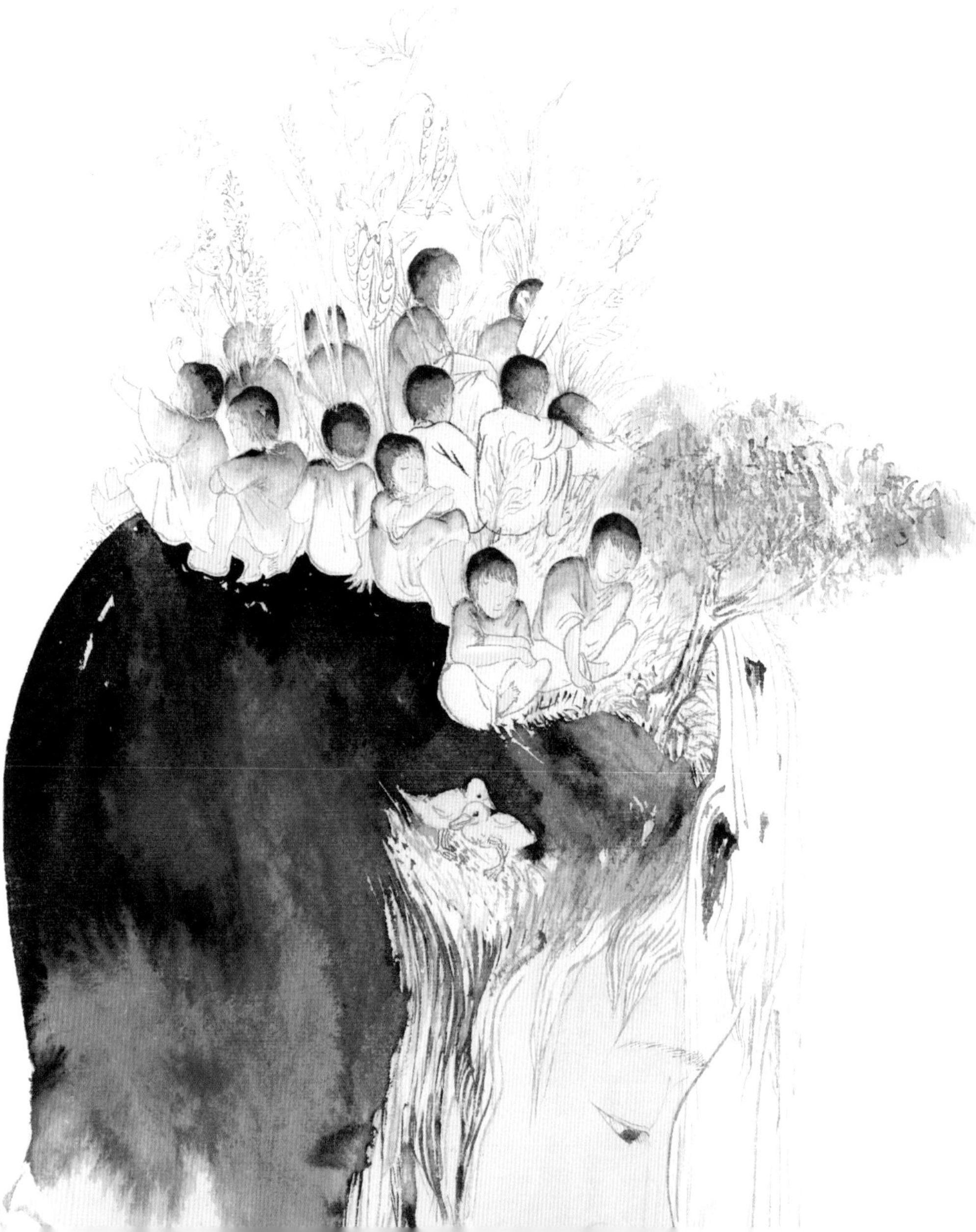

直到身体盈满！

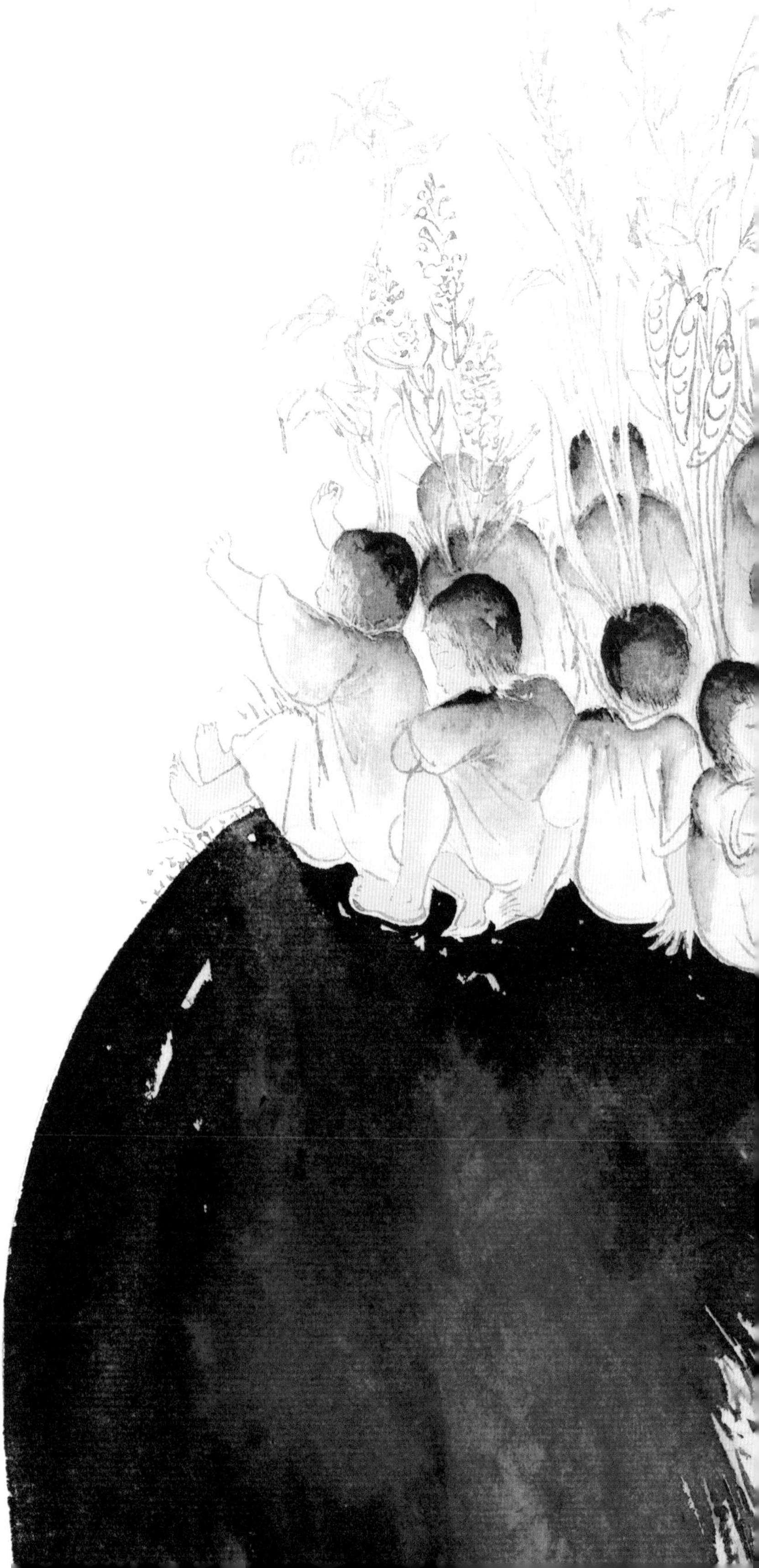

芒种

Grain in Ear

太阳位于黄经75度

6月5日至7日交节

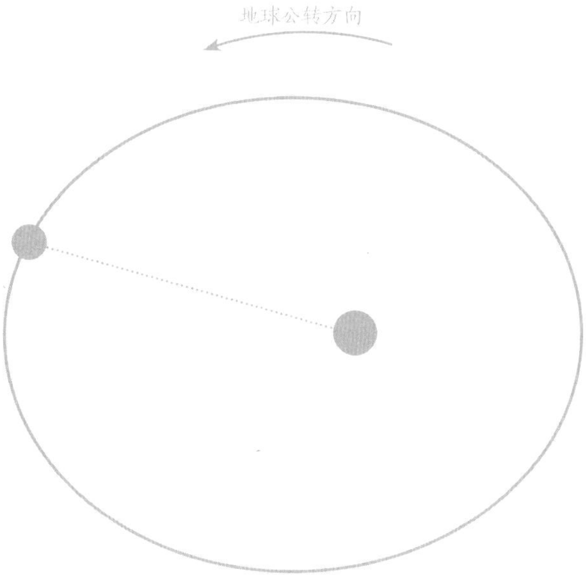

芒种是二十四节气中的第九个节气。

“芒”指麦类等有芒植物的收获，

“种”指谷黍类作物播种的节令。

芒种的到来预示着农民开始忙碌的田间劳作。

越来越沉重，现在该坐下来，
等待身体变得更加丰盛。

夏至

Summer Solstice

太阳位于黄经90度

6月21日至22日交节

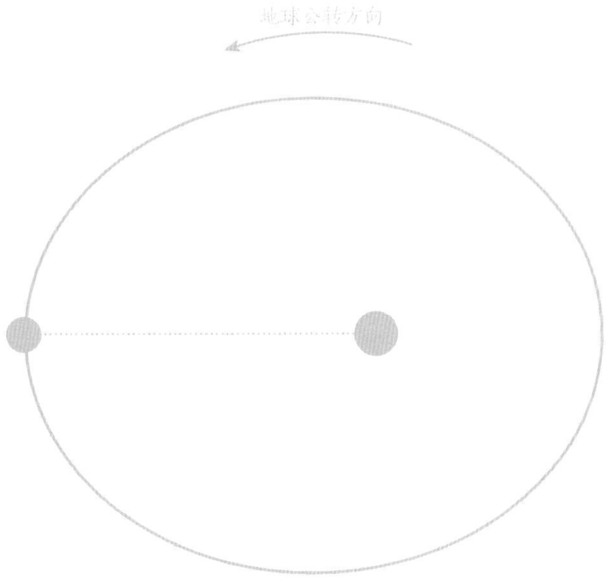

夏至是二十四节气中的第十个节气。

这一天，太阳几乎直射北回归线，

北半球的白昼时间达到全年最长。

据《恪遵宪度抄本》：

“日北至，日长之至，日影短至，故曰夏至。至者，极也。”

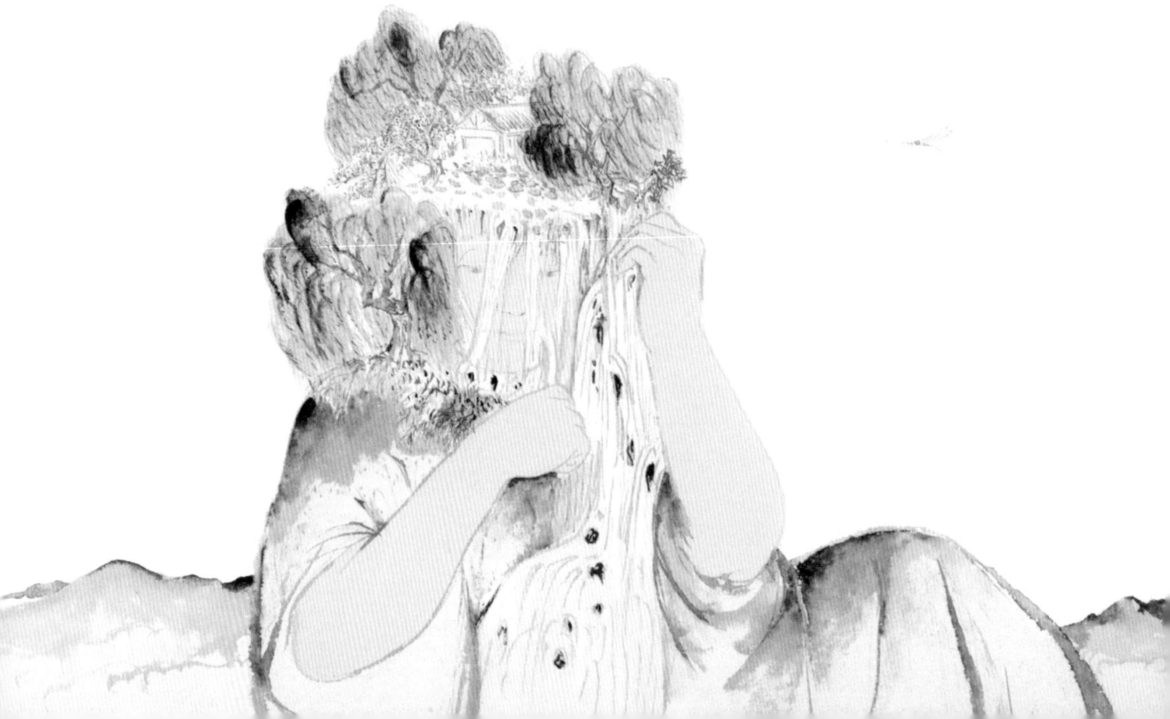

长得也太密了，
枝叶藤蔓覆盖全身。
根须在我身体下面交错密集。

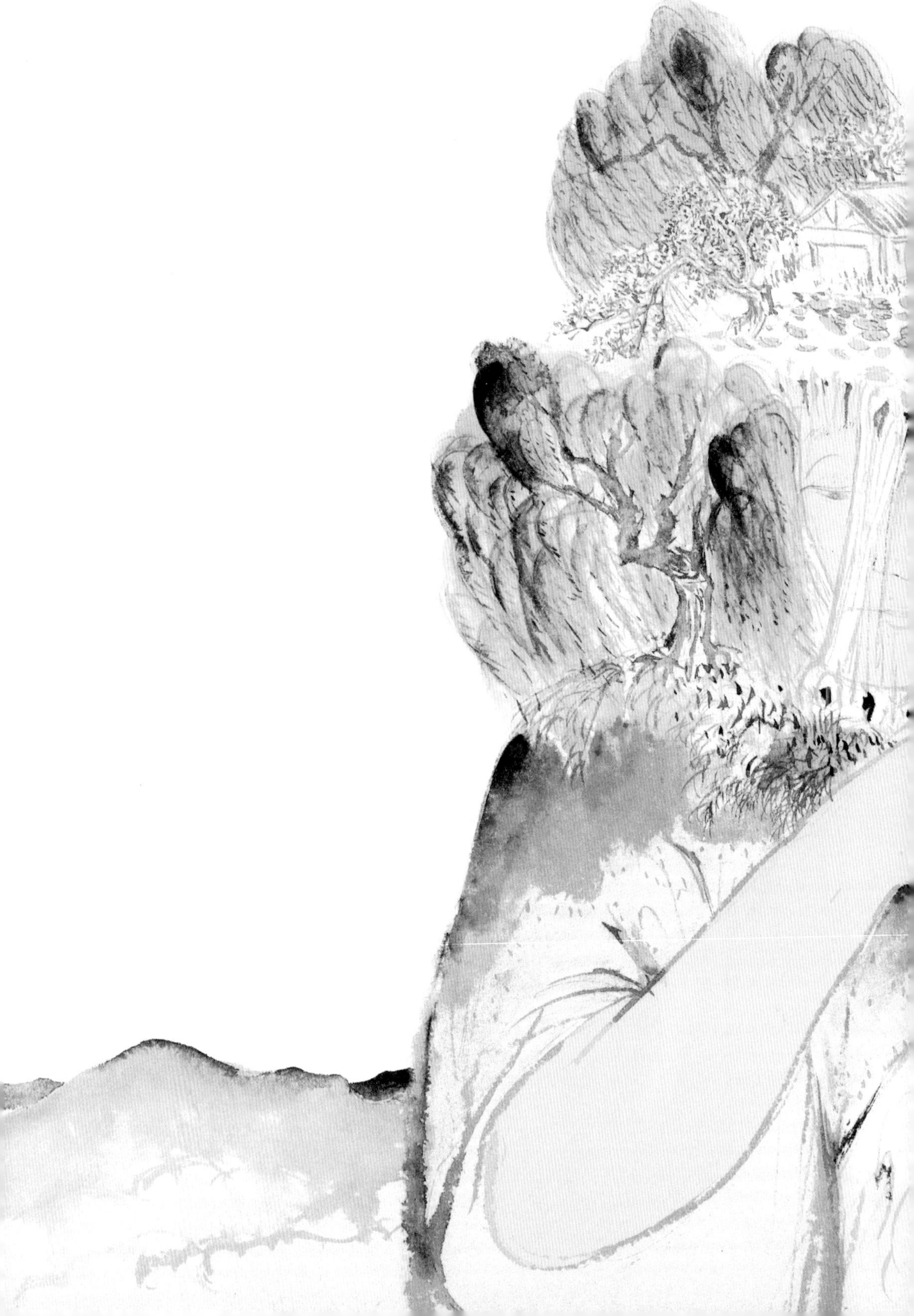

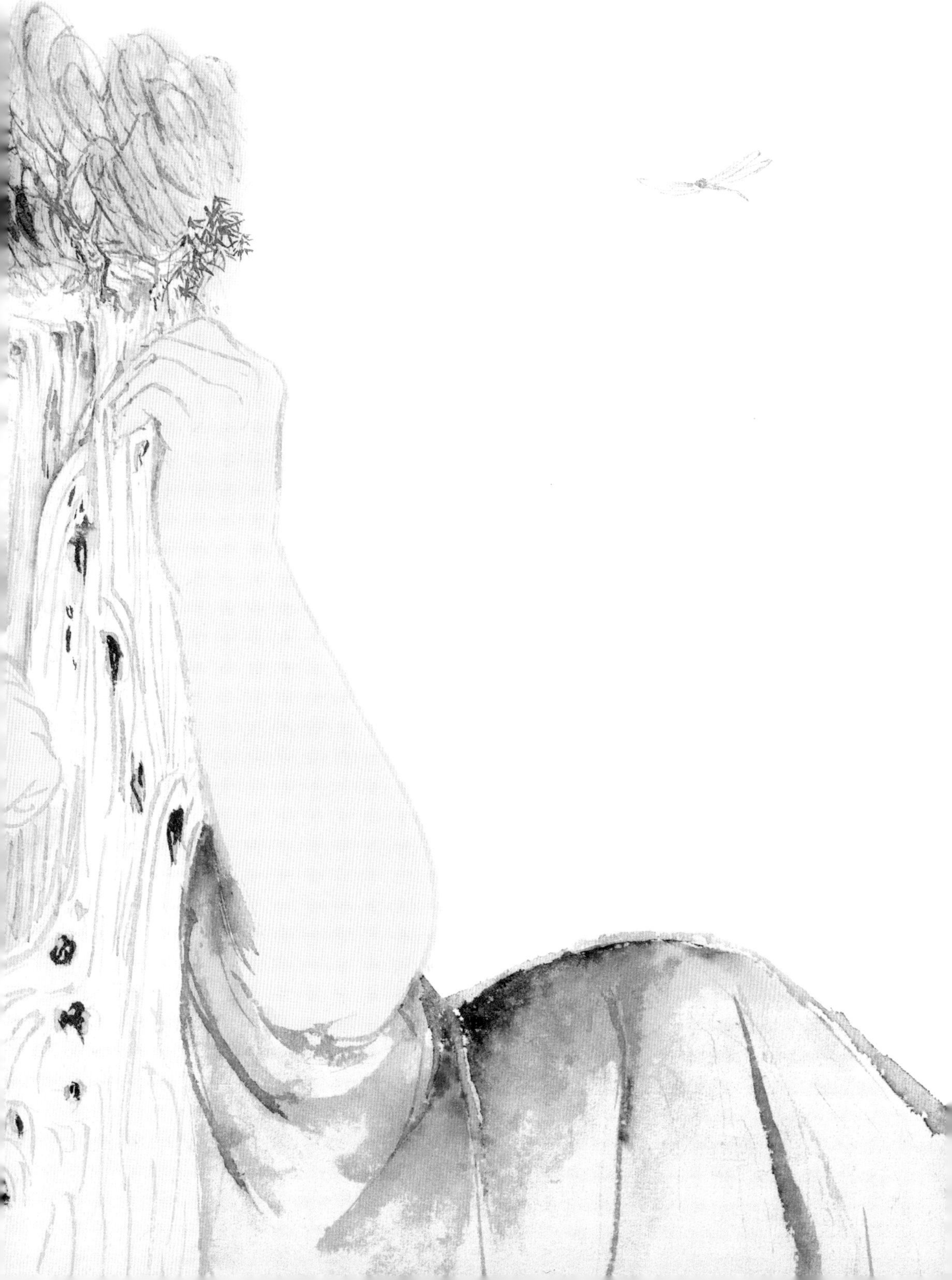

小暑

Minor Heat

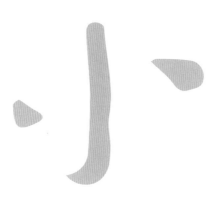

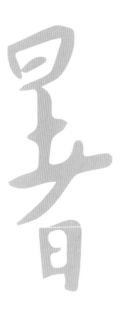

太阳位于黄经105度

7月6日至8日交节

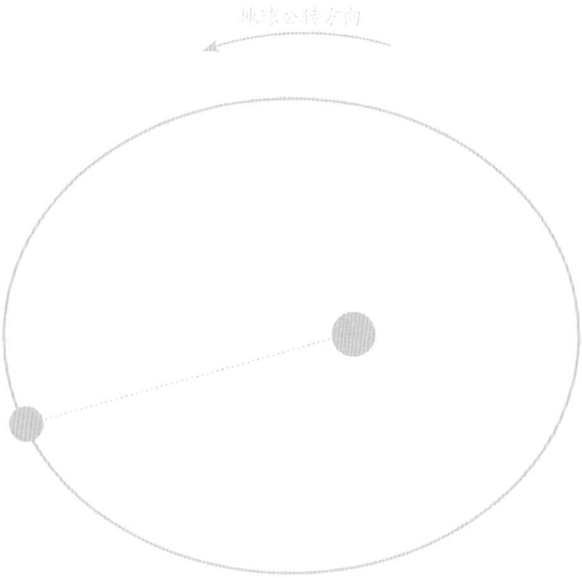

小暑是二十四节气中的第十一个节气。

暑，炎热之意，小暑即小热。

小暑标志着出梅、入伏；

梅雨季即将结束，盛夏开始，气温升高，进入伏旱期。

整个下午，知了在耳畔，不停嘶鸣，没有一丝空隙。
空气停滞在炎热中，没有一点点风。
我身体里又黏又重，闷热得快喘不过气来。

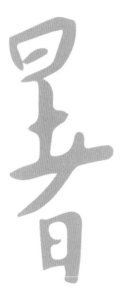

大暑

Major Heat

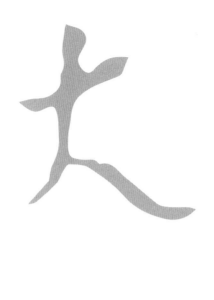

太阳位于黄经120度

7月22日至24日交节

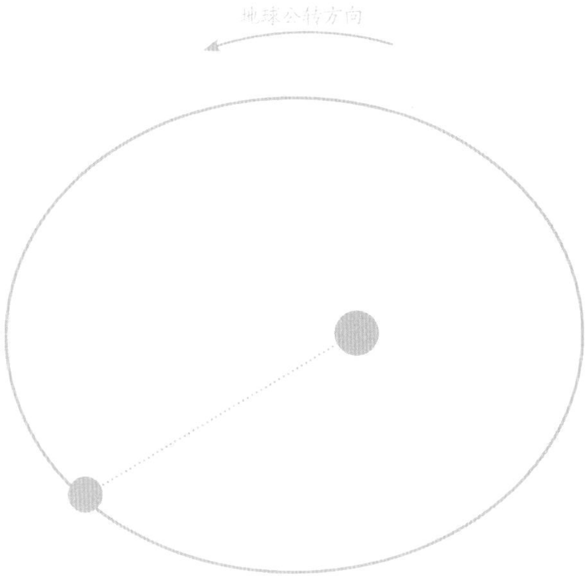

大暑是二十四节气中的第十二个节气。

这是一年中最热的时期，气温最高，农作物生长最快。

大暑期间，民间有饮伏茶、晒伏姜、烧伏香的习俗。

还是躲进水里，
水的凉意一点一点渗进皮肤，
整个泥土身体在水流中融化。

秋

立秋

处暑

白露

秋分

寒露

霜降

立秋

Beginning of Autumn

太阳位于黄经 135 度

8 月 7 日至 9 日交节

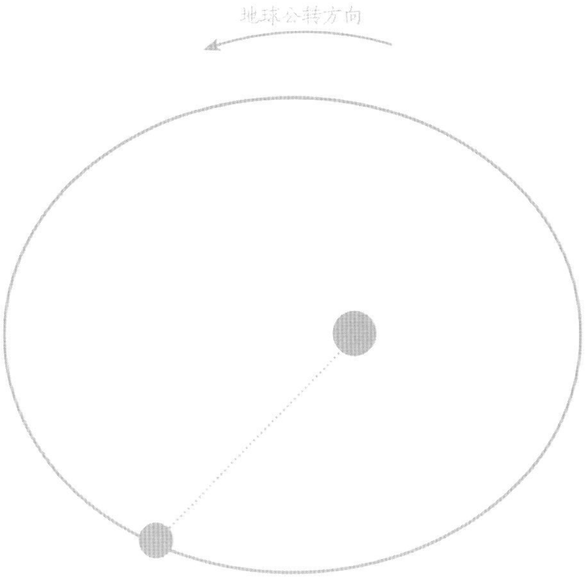

立秋是二十四节气中的第十三个节气。

从这一天开始，暑去凉来，梧桐树落叶。

秋高气爽，月明风清，所谓“立秋之日凉风至”。

只一阵小小的风吹过，
炎热就不见了。

处暑

End of Heat

太阳位于黄经 150 度

8 月 22 日至 24 日交节

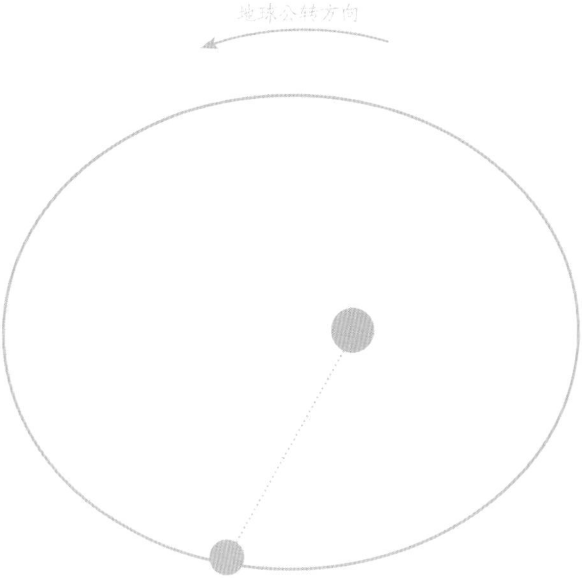

处暑是二十四节气中的第十四个节气。

“处，止也，暑气至此而止矣”，处暑即“出暑”。

处暑前后民间会有中元节的祭祀活动，

在水中放“荷花灯”。

夏天结束，
夜晚重新变得清凉。

白露

White Dew

太阳位于黄经165度

9月7日至9日交节

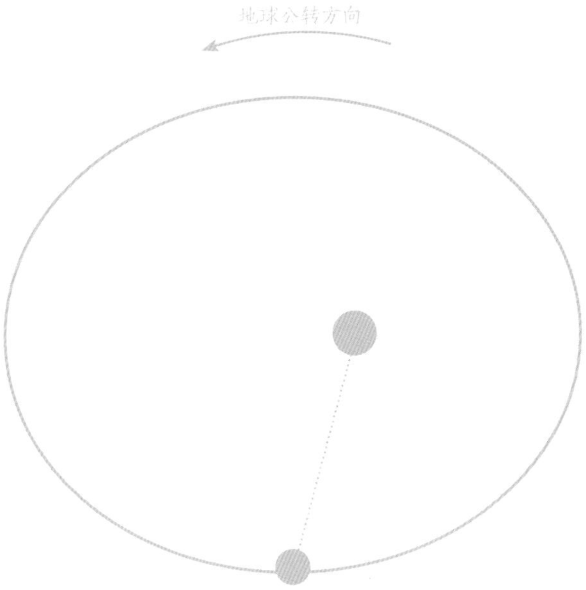

白露是二十四节气中的第十五个节气。

天气渐转凉，清晨时分，水气在地面和叶子上凝成露珠。

古人以四时配五行，秋属金，金色白，

故以白形容秋露，“露凝而白也”。

清晨醒来时，
我看见身上凝满露水。

秋分

Autumn Equinox

太阳位于黄经 *180* 度

9 月 *22* 日 至 *24* 日交节

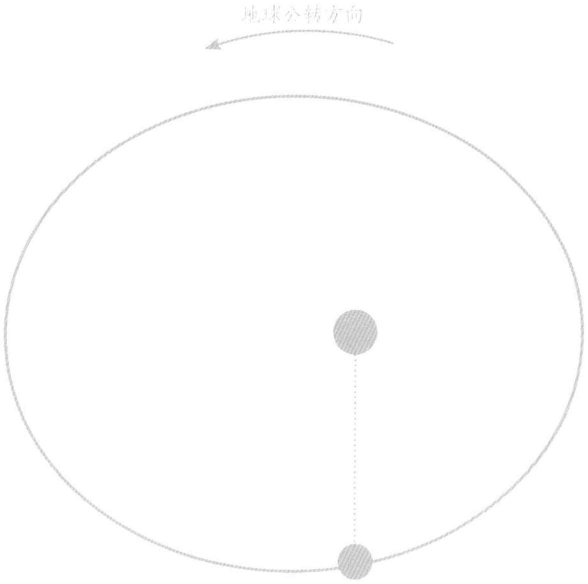

秋分是二十四节气中的第十六个节气。

这一天太阳直射赤道，

地球上绝大部分地区 *24* 小时昼夜均分。

“一场秋雨一场寒”，秋分后气温下降的速度明显加快。

我能感觉，
身体的水分渐渐干涸，
寒意悄悄在地底升起。

寒露

Cold Dew

太阳位于黄经 195 度

10 月 7 日 至 9 日交节

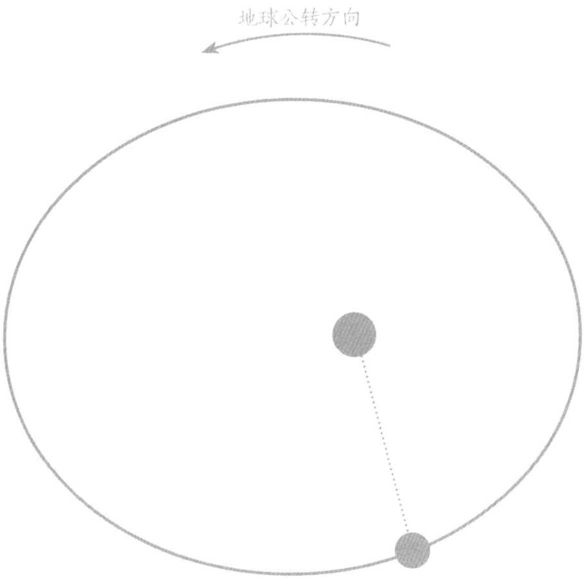

寒露是二十四节气中的第十七个节气。

“九月节，露气寒冷，将凝结也。”

气温更低，地面的露水更冷，快要凝结成霜。

露水寒，将要结冰。

我说：不要担心，你们可以藏进我身体里过冬。

死去的虫子们，我会把你们的孩子好好照顾。

枯萎的植物们，我已在皮肤下藏好你们的种子。

霜降

Frost's Descent

太阳位于黄经 210 度

10 月 23 日至 24 日交节

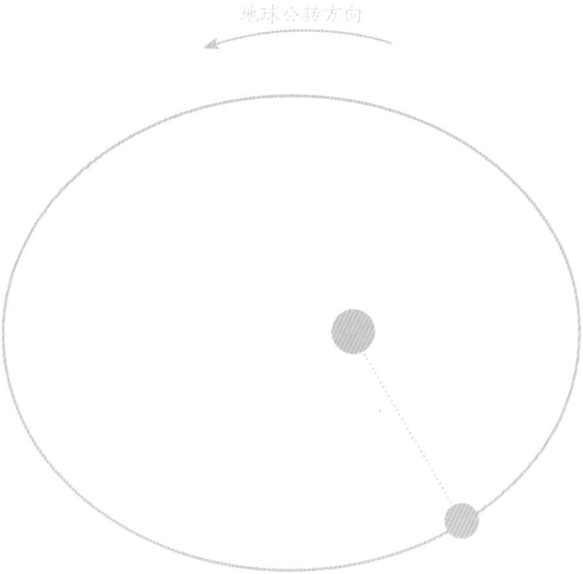

霜降是二十四节气中的第十八个节气。

初霜出现，冬天即将开始。

水汽凝结在溪边、桥间、树叶和泥土上，

形成细微的冰针，或六角形的霜花。

寒冷的空气中，
凝出莹白的霜。

冬

立冬

小雪

大雪

冬至

小寒

大寒

立冬

Beginning of Winter

太阳位于黄经225度

11月7日 至8日交节

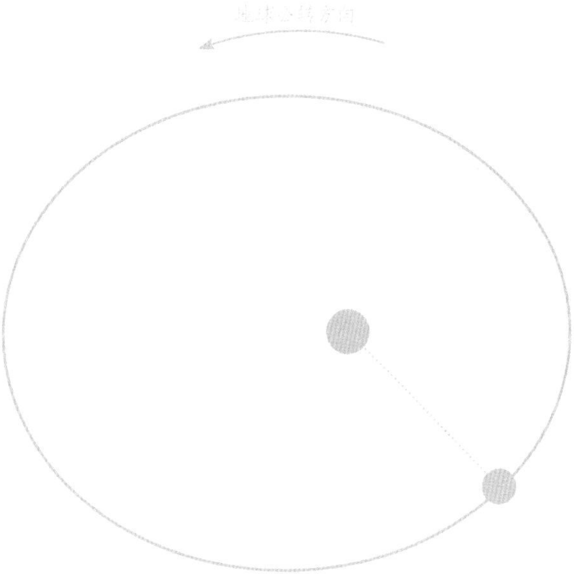

立冬是二十四节气中的第十九个节气。

降水显著减少，土壤含水量降低，空气渐趋干燥。

中国北方地区大地封冻，农林作物进入越冬期。

收获祭祀之际，

有“十月朔”“寒衣节”“丰收节”等民俗节日。

我要重新睡下。

我能感觉身体里的水也开始悄悄凝结。

小雪

Minor Snow

太阳位于黄经 *240* 度

11 月 *22* 日至 *23* 日交节

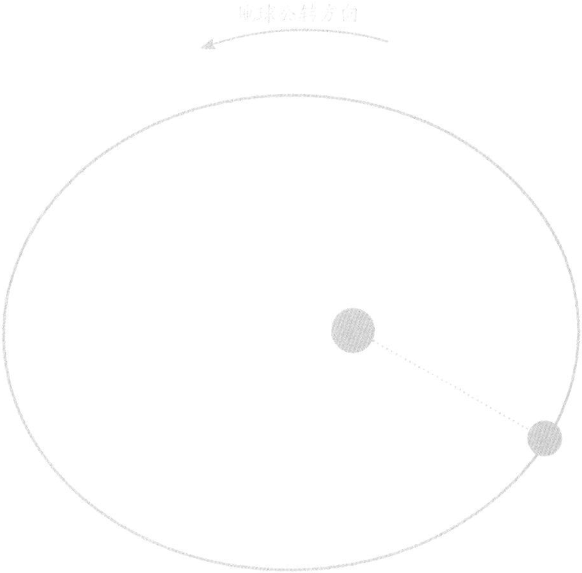

小雪是二十四节气中的第二十个节气。

“小雪气寒而将雪矣，地寒未甚而雪未大也。”

气温降至零下寒气凝为雪，西北风成为常客。

万物逐渐失去生机，天地闭塞而转入严冬。

大雪

Major Snow

太阳位于黄经 255 度

12 月 6 日至 8 日交节

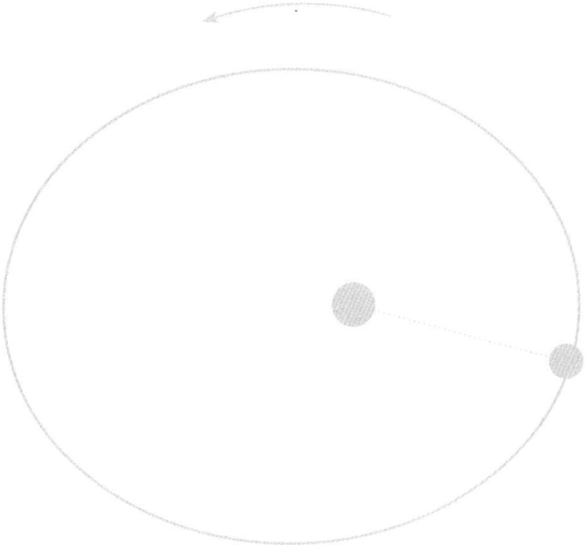

大雪是二十四节气中的第二十一个节气。

天气更为寒冷，降雪的可能性增大。

严冬积雪覆盖大地，保暖土壤，积水利田。

“瑞雪兆丰年”，适时的冬雪预示着来年庄稼的丰收。

冬至

Winter Solstice

太阳位于黄经 *270* 度

12 月 *21* 日 至 *23* 日交节

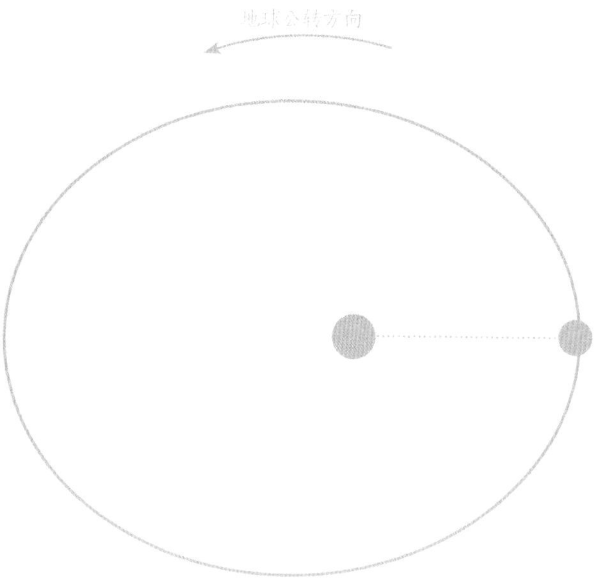

冬至是二十四节气中的第二十二个节气，

是全年日照时间最短的一天。

冬至过后，白昼逐渐增长，夜晚逐渐缩短。

古人有云：“冬至阳气起，君道长，故贺。”

中国北方多数地方有冬至吃饺子的习俗。

小寒

Minor Cold

太阳位于黄经 285 度

1月 5 日 至 7 日交节

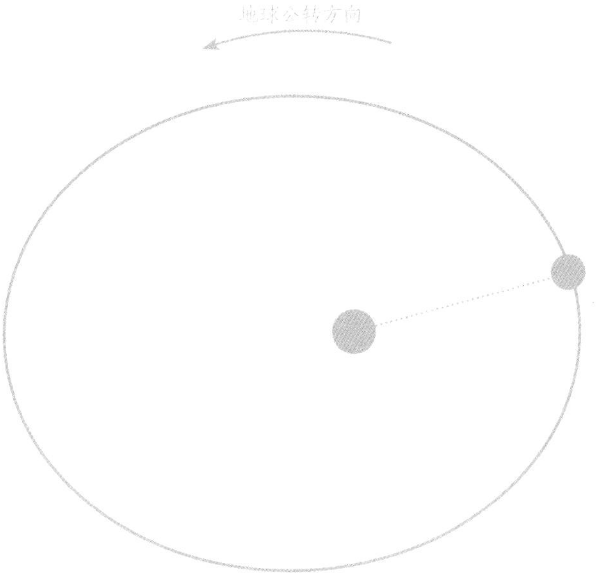

小寒是二十四节气中的第二十三个节气。

冷气积久而寒，小寒标志着一年中最寒冷的日子到来。

俗话说，“冷在三九”，

“三九”指三九天，是冬至后第十九天至第二十七天的一段时间。

一般是一年中最冷的时期，在小寒节气内。

古人分小寒为三候：

“一候雁北乡，二候鹊始巢，三候雉始雊。”

大寒

Major Cold

太阳位于黄经 300 度

1 月 20 日 至 21 日交节

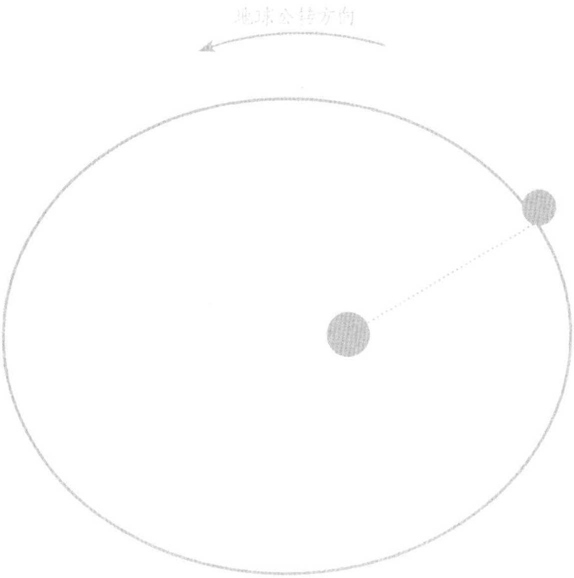

大寒是二十四节气中的第二十四个节气。

大寒时节，风大温低，积雪不化，天寒地冻。

作为最后一个节气，大寒之后将迎来新的节气轮回。

人们开始准备年货，迎接春节的到来。

想要再和我一起？

就让我们翻到第一页重新开始吧。

春

一年四季之首。

春季始于立春（2月3日至5日），

终于谷雨（4月19日至21日）。

春是万物复苏的季节。

植物萌芽生长、动物繁殖、农夫下地播种。

夏

四季中的第二个季节。

夏季始于立夏（5月5日至7日），

终于大暑（7月22日至24日）。

夏是枝繁叶茂的季节。

日光照射充分，气候炎热，动植物生长繁衍最为繁盛。

秋

四季中的第三个季节。

秋季始于立秋（8月7日至9日），

终于霜降（10月23日至24日）。

秋是五谷丰登的季节。天气渐渐转凉，树叶开始发黄或变红，

草渐渐枯萎，庄稼和果实变得成熟。

冬

四季中最后一个季节。

冬季始于立冬（11月7日至8日），

终于大寒（1月20日至21日）。

冬是休养生息的季节。天气寒冷，树木凋零，

动物减少生命活动，有些会进入冬眠。

熊亮

作家、画家、绘本艺术家。
推动中国原创绘本发展的先锋和导师。
第一个在中国提出和推动绘本“纸上戏剧”概念，其绘本立意根源于中华优秀传统文化和东方哲学；
画面注重线条和墨色感；
但结构和语言表达不受传统束缚，现代、简练、纯真，有着独特的幽默感和诗意；
能轻易被孩子，甚至不同文化的读者理解，极富情感表现力。

历年奖项

2008 年　“绘本中国”系列入选国家新闻出版署（原中国新闻出版总署）评选的第二届“三个100 原创出版物”。

2012 年　《武松打虎》（猫剧场）入选“中国幼儿基础阅读书目”。

2014 年　获国际安徒生奖（插画家奖）中国区提名。

2018 年　作为首位中国画家入围国际安徒生奖（插画家奖）6 人短名单。

2020 年　入围阿斯特丽德·林格伦纪念奖提名。

2021 年　获第十九届百花文学奖散文奖。

2021 年　《和风一起散步》《小年兽》入选“教育部组织专家遴选推荐的 347 种幼儿图画书”。

2022 年　《小石狮》入选国际安徒生奖评委会优秀图书推荐书单。

2023 年　《勇敢的胆小鬼》获第八届爱丽丝绘本奖。

二十四节气

作者 _ 熊亮

产品经理 _ 徐月溪　装帧设计 _ 杨慧　产品总监 _ 邵蕊蕊
技术编辑 _ 丁占旭　责任印制 _ 刘世乐　出品人 _ 李静

物料设计 _ 杨慧

果麦
www.guomai.cn

以 微 小 的 力 量 推 动 文 明

图书在版编目（CIP）数据

二十四节气 / 熊亮著绘. -- 天津：天津人民出版社, 2024. 11. -- ISBN 978-7-201-20784-1

Ⅰ. S162-49

中国国家版本馆CIP数据核字第2024K7H954号

二十四节气

ERSHISI JIEQI

出　　版	天津人民出版社
出 版 人	刘锦泉
地　　址	天津市和平区西康路35号康岳大厦
邮政编码	300051
邮购电话	022-23332469
电子信箱	reader@tjrmcbs.com
责任编辑	康嘉瑄
产品经理	徐月溪
装帧设计	杨　慧
制版印刷	天津市豪迈印务有限公司
经　　销	新华书店
发　　行	果麦文化传媒股份有限公司
开　　本	710毫米×960毫米　1/16
印　　张	9.25
印　　数	1—5,000
字　　数	110千字
版次印次	2024年11月第1版　2024年11月第1次印刷
定　　价	68.00元